NOTICE HISTORIQUE

SUR LES

JARDINS BOTANIQUES

DE PONT-A-MOUSSON ET DE NANCY

PAR

D. A. GODRON

Doyen honoraire de la Faculté des Sciences de Nancy,
Membre de la Commission de surveillance du Jardin des Plantes de Nancy,
ancien Directeur de cet établissement.

NANCY
SORDOILLET ET FILS, IMPRIMEURS DE L'ACADÉMIE
RUE DU FAUBOURG STANISLAS, 3.

1872.

NOTICE HISTORIQUE

SUR LES

JARDINS BOTANIQUES

DE PONT-A-MOUSSON ET DE NANCY

PAR

D. A. GODRON

Doyen honoraire de la Faculté des Sciences de Nancy,
Membre de la Commission de surveillance du Jardin des Plantes de Nancy,
ancien Directeur de cet établissement.

NANCY

SORDOILLET ET FILS, IMPRIMEURS DE L'ACADÉMIE

RUE DU FAUBOURG STANISLAS, 3.

1872.

NOTICE HISTORIQUE

SUR LES

JARDINS DES PLANTES

DE PONT-A-MOUSSON ET DE NANCY

L'immense impulsion qui, à l'époque de la renaissance des lettres, entraina les peuples civilisés de l'Europe vers l'étude de toutes les branches des connaissances humaines, eut pour résultat presque immédiat la création des Universités. Ces premiers établissements d'instruction supérieure furent dotés par les souverains de locaux appropriés à leur destination et des moyens d'enseignement alors connus. A côté de leurs Facultés de médecine s'élevèrent peu à peu des jardins destinés à la culture et à l'étude des plantes. Notre ancienne Université lorraine, fondée en 1572 et établie d'abord à Pont-à-Mousson, dut attendre, pour posséder cet utile complément des études médicales, que la Faculté de médecine y fut organisée, ce qui n'eut

1

lieu que vingt ans après; car c'est seulement en 1592 qu'elle inaugura son enseignement. Nous ignorons à quelle époque fut fondé le premier jardin botanique, que posséda cette Faculté; le lieu qu'il occupait nous est inconnu; mais, nous savons qu'il était mal placé et trop exigu (1).

C'est sous le règne si calme et si prospère de Léopold, que fut fondé le second jardin des plantes de l'Université de Pont-à-Mousson. Par lettres patentes du 1er juillet 1719, ce prince éclairé abandonne à la Faculté de médecine « un terrain à « prendre, dit l'acte de donation, dans notre jardin « qui est dans l'enceinte de notre château du dit « lieu, propre et convenable à y dresser un nou- « veau jardin des plantes, suivant le plan qui « nous a été présenté »... « Voulant, ajoute-t-il, « que les dits jardins et bâtiments soient inces- « samment mis en bon état et qu'il soit pourvu à « leur entretien à l'avenir, nous ordonnons aux « officiers de l'Hôtel commun du Pont-à-Mousson, « de faire travailler sans retard ni interruption, « aux frais de la ville, à la clôture et séparation « du dit jardin botanique, puits et autres ajuste- « ments et convenances, de même qu'à la construc- « tion de la salle des démonstrations, serre et loge- « ment du jardinier, suivant le devis qui leur en « sera donné et d'entretenir lesdits jardins et bâti-

(1) Digot, *Histoire de Lorraine*, Nancy, in-8°, t. 6 (1856) p. 125.

« ments de toutes réparations ; au moyen de quoi « nous avons abandonné et abandonnons au profit « de la ville, le terrain du ci-devant jardin bota- « nique, pour y construire des greniers publics à « bled, suivant les ordres que nous avons fait ex- « pédier [1]. »

Tout est prévu dans ces lettres patentes, en ce qui concerne non-seulement le matériel, mais aussi le personnel, comme l'attestent les passages suivants : « Duquel jardin le sieur Pacquotte, « notre conseiller-médecin ordinaire, professeur en « médecine et en chirurgie et démonstrateur des « dites plantes, et ses successeurs après lui en la « dite charge, auront la direction. Et, pour la cul- « ture et entretien du dit jardin botanique, avons « ordonné qu'il soit fait choix d'un jardinier versé « et expert dans la connaissance des plantes et ar- « bustes médicinaux [2]. »

Ces dernières intentions de Léopold furent accomplies et même dépassées par le choix d'un jardinier botaniste fort instruit, qui ne cessa d'enrichir ce jardin, pendant trente et un ans, qu'il fut chargé de sa culture [3]. Ce jardinier modèle, dont

(1) Rogéville, *Dictionnaire historique des Ordonnances et des Tribunaux de la Lorraine et du Barrois*; Nancy, in-4°, t. 2, p. 620.

(2) Rogéville, *ibidem*.

(3) Durival, *Description de la Lorraine et du Barrois*; Nancy, 1779, in-4°, t. 1, p. 285.

il est souvent question dans les documents relatifs à l'Université de Pont-à-Mousson, se nommait Christophe Chevreuse, dit Duvergé ; il n'hésitait pas à entreprendre à ses frais, des voyages dans les Vosges et dans les Alpes de la Suisse, pour en rapporter des plantes (1).

Le créateur de l'Académie de chirurgie, le célèbre Lapeyronnie, ne dédaigna pas de venir en aide à un jardinier aussi méritant. Après avoir opéré, avec succès, d'une fistule, le duc Léopold, il visita l'Université de Pont-à-Mousson ; frappé de l'instruction, du zèle et de l'intelligence de Christophe Chevreuse, il eut l'attention, à son retour à Paris, de lui adresser un grand nombre de végétaux utiles, qui comblèrent de joie ce modeste fonctionnaire, enrichirent le jardin et fournirent aux études botaniques de nouveaux et précieux éléments (2). Chevreuse cultivait encore ce jardin en 1765 ; on trouve dans les *Comptes du domaine*, pour cette année, que ses gages étaient de 400 livres de Lorraine.

Aussi, nous savons qu'en 1727, ce jardin était remarquable par le nombre et le choix des végétaux qui le peuplaient. Notre savant archiviste, M. H. Lepage, avec son obligeance si connue de tous les travailleurs, a mis sous nos yeux un document

(1) *Archives du département de la Meurthe* (Documents sur l'Université de Pont-à-Mousson).

(2) Digot, *Histoire de Lorraine ;* Nancy, in-8°, t. 6 (1856), p. 98.

curieux qui existe dans les archives de notre département et qui constate ce que nous venons d'avancer : c'est un registre in-folio de 62 pages, cartonné, qui est intitulé : *Index plantarum horti regii botanices Pontimussani;* mense may. 1727. Il est signé d'un nom connu, J. N. Marquet, qui était médecin du duc Léopold. Les plantes y sont indiquées par ordre alphabétique et désignées par les phrases des *Institutiones rei herbariæ* de Tournefort.

Cet établissement exista jusqu'à la translation à Nancy de l'Université de Pont-à-Mousson, qui eut lieu en vertu de lettres patentes de Stanislas, en date du 3 août 1768 [1].

Mais, seize années avant cette époque, Stanislas créa le collége royal de médecine de Nancy et, par lettres patentes données en conseil à Lunéville le 15 mai 1752, fixa les règlements et statuts de cette corporation savante. J'y rencontre un article qui se rattache à notre sujet et que je transcris textuellement.

« Art. XXX. — Le collége (de médecine) se « chargera de faire des cours d'anatomie, de bota- « nique et de chimie et, pour cet effet, il fera « construire un bâtiment convenable à ces usages

(1) A cette époque, le jardin botanique fut donné aux Capucins, dont le couvent était contigu. Aujourd'hui, sur l'emplacement qu'occupait cet établissement scientifique, se trouvent le manége et une partie de la caserne de cavalerie. (*Note fournie par M. l'abbé Renauld.*)

« et fera planter et cultiver un jardin de toutes « les plantes usuelles étrangères, de même que de « toutes celles du pays, usuelles ou non [1]. »

Un jardin fut désigné pour y faire les plantations qui viennent d'être mentionnées ; mais aucun acte légal n'en ayant alors attribué la propriété au collége royal de médecine, le roi de Pologne, à la sollicitation pressante de Bagard, président de ce collége, accorda, en dehors de l'ancienne porte Sainte-Catherine, les terrains nécessaires à la création d'un jardin botanique, par lettres patentes du 19 juin 1758. Ce document, jusqu'ici resté inédit [2], est trop important pour que nous ne le produisions pas intégralement :

« Stanislas, par la grâce de Dieu, roi de Polo-« gne, etc., à tous ceux qui ces présentes verront, « salut :

« Le président et les conseillers du collége « roial [3] de médecine par nous établi en notre « bonne ville de Nancy, nous ont tres-humblement « fait représenter que leur aiant fait espérer que « nous accorderions au dit collége un terrein suf-« fisant et à portée de la ville, pour en former un « jardin botanique, pour y élever les plantes né-

(1) *Ordonnances et règlements de Lorraine*; Nancy, in-4°, t. 8, p. 372.

(2) Il n'est pas même inséré dans la collection imprimée des *Ordonnances et règlements de Lorraine*.

(3) J'ai conservé l'orthographe originale de cette pièce.

« cessaires à l'usage du public et en faire la dé-
« monstration, qu'à cet effet nous leur aurions
« déjà assigné celui en dehors de la porte Sainte
« Catherine, aboutissant par le bas sur icelle et la
« chaussée qui conduit à Essey, régnant le long du
« mur de la ville d'une part et au canal qui sort
« d'icelle d'autre et aboutit par le haut par la pa-
« lissade d'une vigne appartenant à la Maison des
« Orphelines ; le dit terrein contenant six arpens et
« un quart, suivant qu'il se trouve désigné par le
« plan [1] qui sera ci-joint et attaché sous le con-
« tre-scel de notre chancellerie ; que pour en assu-
« rer la propriété au dit collége, il importe aux
« exposants en leur qualité d'en obtenir la conces-
« sion en forme, à l'effet de quoi ils nous ont très-
« humblement fait supplier de leur accorder nos
« lettres à ce nécessaire. A quoi inclinant favora-
« blement et voulant donner au dit collége de
« nouvelles marques de notre attention et lui faci-
« liter les moiens de se procurer plus facilement
« les choses nécessaires au soulagement de nos su-
« jets. A ces causes et autres bonnes considérations
« à ce nous mouvant, nous de notre grâce spéciale,
« pleine puissance et autorité roiale, avons donné,
« cédé et abandonné, donnons, cédons et abandon-
« nons par ces présentes au collége roial de méde-
« cine, le terrein situé hors et attenant à la porte

[1] Ce plan n'a pas été retrouvé.

« Sainte-Catherine de Nôtre dite ville de Nancy, « de la contenance de six jours et un quart, aboutis- « sant par le bas sur la chaussée et le haut sur la « vigne de la Maison des Orphelines, régnant le « long du mur de la ville d'une part et le canal « d'autre, tel qu'il est désigné par le susdit plan « ci-joint, pour en jouir à perpétuité par le dit « collége et lui être emploié à autre usage, ni que « par raison de ce, il soit tenu de nous paier ni à « nos successeurs aucun sens du quel nous l'avons « déchargé et déchargeons en considérōn de son « établissement et de son maintient, Si donnons en « mandement à nos amez et féaux les présidents, « conseillers, maîtres auditeurs et gens tenant « Nôtre chambre des comptes de Lorraine et à tous « autres qu'il appartiendra, que du contenu ez « présentes et de tout l'effet d'jcelles, ils fassent, « soufrent et laissent le dit collége roial de méde- « cine joüir et user pleinement et paisiblement, « cessant et faisant cesser tous troubles et empê- « chements contraires ; car ainsi nous plaît. En foi « de quoi nous avons aux présentes signé de notre « main et contresigné par l'un de nos conseillers « secrétaire d'Etat commandant ès finances, fait « mettre et appendre Nôtre grand scel. Donné en « notre ville de Lunéville le 19 juin 1758 » [1].

Bagard s'occupa avec soin de l'organisation

[1] *Archives du département de la Meurthe*, Reg. Entérinement. 1758, B. 254.

de ce jardin, pendant quinze années qu'il en fut directeur, il le peupla de tous les végétaux utiles qu'on pouvait alors se procurer. La direction était attachée aux fonctions de président du collége royal de médecine et les choses continuèrent ainsi jusqu'à l'époque où un décret de l'Assemblée nationale, du 18 août 1792, supprima tous les établissements d'instruction.

Les almanachs de Lorraine et de Barrois, dont notre bibliothèque publique possède la collection presque complète, nous ont laissé l'indication des directeurs qui se sont succédés dans cet établissement, en leur qualité de présidents du collége royal de médecine.

Bagard, directeur dès la fondation du jardin, l'était encore en 1773. Cupers, qui lui succéda, remplit ces fonctions pendant les années 1774 et 1775. Le troisième directeur fut Desvillers qui en fut chargé de 1776 à 1781. Le quatrième, Harmant, ne figure sur la liste que pour l'année 1782. Enfin, le dernier de cette première période de l'histoire du jardin des plantes de Nancy, Lallemand, dirigea l'administration de cet établisssement pendant neuf ans, de 1783 à 1792. Je ne trouve plus de traces de directeurs pour les années 1793, 1794 et 1795 (ans I à III de la République française).

Les directeurs n'enseignaient pas eux-mêmes la botanique. Un professeur spécial faisait un cours pour le collége royal de médecine. Nicolas Guillemin remplit cette charge depuis 1770 jusqu'à 1792.

Dans tous les jardins botaniques on paye les jardiniers qui y sont employés et l'on a parfaitement raison. Ce n'était pas la coutume au jardin royal des plantes de Nancy ; c'était au contraire le jardinier qui payait ; on lui laissait à bail l'établissement. J'ai retrouvé, dans les archives de la ville, plusieurs baux de cette nature, trop curieux pour que je n'en indique pas les clauses principales. Le plus ancien, dont j'ai eu sous les yeux l'original, porte la date du 1er mars 1773. Il est fait par le président, les doyens, conseillers et agrégés du collége royal de médecine à Joseph Breton, maître jardinier.

Ce bail lui abandonne : « la jouissance d'un « potager, d'un carreau à compartiments désigné « sous le nom de jardin d'Adonis, un autre petit « carreau, une partie en nature de verger, des « plates bandes, les fruits à pépins et à noyaux, « des arbres à demies-tiges et à haut vent, les « fraises et groseilles, les fleurs des plantes et « arbustes qui sont en pleine terre et l'herbe ; de « plus le logement, la serre et son faux grenier « pour placer pendant l'hiver les plantes, fleurs, « semences qui ont besoin d'être logées ; à charge « au dit jardinier : 1° d'entretenir proprement le « jardin ; 2° de tailler les arbres, charmilles et « haies et de remplacer à ses frais les objets qui « viennent à manquer ; 3° de cultiver les plantes

« *botaniques destinées à l'instruction publique* et une « certaine quantité de plantes usuelles connues « par leurs effets salutaires, pour la distribution « en être faite aux pauvres qui se présentent aux « consultations gratuites qui se tiennent, chaque « semaine, au collége de médecine ; 4° le jardinier « preneur obéira à Messieurs les préposés ci-dessus, « qui se concerteront sur tous les objets qui ont « rapport à l'utilité et aux progrès *de la discipline « botanique*; 5° il payera au collége de médecine « un canon annuel de 200 livres de Lorraine. »

Un arrêté du maire de Nancy, en date du 8 floréal an XIII (28 avril 1804), par conséquent bien postérieur à l'époque de ce bail, qui rappelle, dans ses considérants, cette dernière clause imposée au jardinier, nous apprend que cette somme de 200 livres « servait au collége de médecine à entretenir « le jardin de grosses réparations et même à faire « les constructions nouvelles qu'exigeait l'établis- « sement ainsi qu'il en conste par les baux an- « ciens. »

Ce bail de 1773 a été pris pour modèle dans la rédaction de plusieurs des baux postérieurs, dont les originaux existent aussi dans les archives de la mairie de Nancy. Tels sont ceux 1° du 6 décembre 1781, fait à Balthazard Pierrot, jardinier ; 2° du 12 novembre 1783, fait au jardinier Hanriot ; 3° du 13 septembre 1790, fait à François Hanriot.

Avec des conditions aussi léonines, on trouvait

cependant des maîtres jardiniers, mais ceux-ci n'y perdaient rien : le potager était la partie la mieux soignée, on cultivait dans la serre les plantes d'ornement pour les vendre, on multipliait les arbres fruitiers qui étaient encore, en 1817, au nombre de 79 ; quant à l'école de botanique elle était dans le plus piteux état. Aussi trouve-t-on, dans les documents que j'ai consultés, des plaintes fréquentes sur cette situation. Des baux de cette nature ne constituent pas des économies, mais sont tout simplement des actes de mauvaise administration. On le reconnut sans doute plus tard ; puisque nous trouvons dans les *Comptes du domaine* pour 1771, que Bernard Renard, jardinier botaniste, touchait comme gages, 322 livres, 7 sols, 9 deniers.

J'ai recherché quelle était l'organisation primitive de ce jardin et il m'a été facile de l'établir au moyen de deux documents précieux qui se contrôlent l'un l'autre et dont j'ignorais jusqu'ici l'existence.

Il s'agit d'abord d'un plan publié par Buchoz et gravé aux frais de Bagard, son premier directeur. Bien qu'il ne porte pas de date, il est certain par les faits qu'il constate qu'il a été tracé dès les premières années de l'existence du jardin et qu'il est antérieur, dans tous les cas, à 1767. Il fait partie d'une publication inachevée et peu connue d'une flore iconographique de la Lorraine ; ce plan et les planches publiées ont été réunis en un volume in 4°, qui existe à notre bibliothèque publique. On trouve aussi dans ce même volume, une gravure représentant la face du jardin, où s'ouvrait la porte d'entrée de l'établissement ; celle-ci était fermée par une grille ornementée et fixée à deux pilastres portant chacun à leur sommet un génie sculpté en pierre.

Cette grille, comme le plan de Buchoz l'indique, s'ouvrait sur le prolongement de la rue Neuve des casernes, comme on la nommait alors (¹) ; c'est aujourd'hui la rue Sainte-Catherine.

Elle se trouvait placée exactement au point, où l'on voit encore un banc de pierre très-ancien. Une allée, qui a existé jusqu'à 1867, en partait à angle droit et traversait tout le jardin jusqu'au mur qui le sépare aujourd'hui de l'Ecole forestière et là se trouve aussi un banc de pierre presque enterré et semblable au premier. En entrant par la grille, on avait à droite et à gauche l'école de bo-

(¹) Le jardin, ainsi que la caserne qui lui fait face, étaient alors en dehors de la porte Sainte-Catherine qui, depuis, a été reportée au delà de ces deux établissements et remplacée par la porte monumentale qui existe aujourd'hui.

Il existait une rue Sainte-Catherine plus ancienne qui fut rectifiée au moment de la création de la place Stanislas et rendue perpendiculaire à l'une de ses faces. On peut encore constater la direction de l'ancienne rue, un peu oblique par rapport à la nouvelle, en observant que quelques maisons sont en retrait sur celle-ci, mais toutes dans le même alignement oblique et précédées d'une cour pour se conformer à l'alignement actuel.

tanique formée de quatre carreaux entourés chacun de plates bandes d'ornement. Cette disposition de l'école de botanique et sa circonscription ont persisté jusqu'à 1833, époque à laquelle le jardin fut complétement réorganisé.

Le plan de Buchoz est tracé sur une petite échelle ; il représente mal la configuration générale du jardin, les angles n'ont pas été mesurés et sont inexacts, il paraît avoir été levé à vue d'œil, ce n'est qu'un à peu près. La serre n'y est pas indiquée et vraisemblablement elle n'était pas construite ; la maison actuelle du jardinier ne faisait pas encore partie de l'établissement.

Mais un plan beaucoup plus grand, exécuté avec le plus grand soin et parfaitement exact, nous fait connaître avec des détails minutieux l'aménagement du jardin. Ce plan est dédié au duc de Choiseul et porte l'indication suivante : *Plan du jardin royal de botanique fondé et donné par Stanislas Ier au collége royal des médecins de Nancy, construit par Bagard président et doyen du même collége, chevalier de l'ordre du roi* (1) *et directeur perpétuel du dit jardin*. Il est sans nom d'auteur et sans date. Ce plan fait partie de la collection des documents lorrains formés par M. Beaupré, conseiller honoraire de la Cour d'appel de Nancy. Ayant appris que je m'occupais de la présente notice, il désira

(1) Ordre de Saint-Michel.

me voir et me confia, quelques jours seulement avant sa mort, cette pièce importante pour l'histoire du jardin des plantes et m'autorisa à en faire une copie.

En l'examinant on y trouve la maison actuelle du jardinier, avec l'indication exacte de sa distribution, la position des portes, des fenêtres, de l'escalier et sa petite cour; il n'y manque que deux cloisons ajoutées postérieurement et dont l'une ne date que de quelques années. Or cette maison fut acquise par la ville, ainsi que le passage qui y est contigu, par acte notarié du 3 juin 1767, c'est-à-dire neuf ans après la création du jardin.

On constate également que la belle grille, qui donnait entrée au jardin par la rue Sainte-Catherine, est supprimée (1) ; mais on la retrouve à côté de la maison du jardinier ; elle s'ouvre sur la rue des Champs et, jusqu'à 1849, elle a servi d'entrée principale au jardin. Les pilastres qui la soutenaient ont été réédifiés à l'autre extrémité du même passage, du côté du jardin. On y reconnaît les mêmes lignes que dans la gravure de Buchoz, dont j'ai parlé, et l'un des génies, qui surmonte encore l'un

(1) On y conserva seulement une grille fixe soutenue par un mur à hauteur d'appui. C'est par cette ouverture que Denou, au moment de l'affaire de Nancy (31 août 1790), vint observer les troupes logées à la caserne et chercher à s'assurer de leurs dispositions. J'ignore à quelle époque cette ouverture fut fermée. (*Note communiquée par M. Soyer-Willemet.*)

d'eux est très-reconnaissable. C'est de cette nouvelle entrée que part dès lors une des allées principales du jardin, qui le parcourt encore aujourd'hui dans toute sa longueur.

Sur le plan de M. Beaupré on voit l'indication d'un petit pavillon carré placé à l'angle nord-ouest du jardin. Il constituait une belle chambre avec une cheminée et les murs étaient ornés d'encadrements en plâtre, imitant une boiserie, et dans un des panneaux on voyait un médaillon représentant le buste du roi Louis XV. Cette pièce fut sans doute construite pour le directeur, comme cabinet de travail et pour s'y réfugier en cas de pluie. Mais les jardiniers finirent par s'en emparer; car nous trouvons dans le bail fait, le 6 décembre 1781, par le directeur Lallemand au jardinier Balthasard Pierrot, qu'il est fait réserve expresse du pavillon pour les directeurs actuel et futurs. Cette construction, menaçant ruine, a été démolie en 1868, et le médaillon qui l'ornait a été conservé.

Il existait dès lors une serre, située vers l'angle nord-est du jardin. Cet angle était disposé en pan coupé ; la serre parfaitement orientée au midi, y était accolée, mais n'occupait que la moitié de sa longueur et s'appuyait par une de ses extrémités sur le mur qui longe la rue nommée aujourd'hui rue de l'Ile-de-Corse.

On ne voit dans le jardin aucune fontaine; mais le canal Saint-Thiébault, resserré alors entre deux murailles, longeait, à ciel ouvert, une moitié du mur oriental du jardin. Il devait servir aux arrosements, car, à cette époque, il ne recevait pas la moitié des égouts de la ville et ses eaux n'étaient pas devenues meurtrières pour les plantes, à raison des substances vénéneuses que les eaux des fabriques y ont apportées depuis.

On ne voit pas, sur le plan de M. Beaupré, le pavillon de forme oblongue, situé le long de la rue Sainte-Catherine, où, jusqu'en 1854, se faisaient les cours de botanique, et qui a servi, jusqu'à ces dernières années, d'orangerie pendant la saison d'hiver. Ce pavillon fut, cependant, construit pendant l'administration de Bagard. On y trouve encore aujourd'hui un buste du roi Stanislas, qui montre sur la console qui le supporte l'inscription suivante :

STANISLAO I.
POL. REG. LOTH. BAR. DUCI
COLLEG. R. MEDICOR. NANCEIAN.
CONDITORI MUNIF.
CAROLUS BAGARD
COLLEG. R. PRÆSIDES
HORTI BOTANIC.
PRÆFECTUS.
D. V. C.

Il suit de là que le plan de M. Beaupré est postérieur à 1767 et antérieur à 1772, année de la mort de Bagard.

Le jardin était un peu plus grand qu'aujourd'hui [1], mais à peine le quart de sa surface était destiné à l'arrangement systématique des plantes et constituait l'école de botanique qui n'avait pas changé de place depuis Buchoz. Deux carreaux, consacrés à des plantations d'arbres, complétaient cette partie occidentale du jardin.

Quatre carreaux, situés devant la serre, bordés de plates-bandes d'ornement, formaient le potager abandonné au jardinier. Plus loin, à l'angle sud-est, se trouvait une plantation de Conifères.

Entre l'école de botanique et le potager, se trouvaient trois compartiments dont deux étaient plantés d'arbres et d'arbustes. La position actuelle de trois arbres qui ont atteint une grande taille, savoir : le beau Platane, le Cèdre du Liban, qui existent encore et font l'un des ornements du jardin actuel, ont dû faire partie des plantations dont il est ici question ; il en est de même d'un *Thuya occidentalis* qui a péri en 1867 et dont le tronc mesurait, au-dessus de sa base, 1^{m}86 de circonférence. Le troisième compartiment, rapproché des deux précédents, portait le nom de jardin d'Adonis, bande assez allongée de terrain, présentant des

(1) La limite du jardin au sud-ouest, d'oblique qu'elle était par rapport à la rue Ste-Catherine, est devenue, à une époque inconnue, parallèle à la direction de cette voie, comme on le constate en comparant le plan ancien avec le plan moderne.

plates-bandes droites, sinuées ou échancrées, interrompues par des cercles, formant des compartiments parfaitement symétriques et entremêlés de petits chemins sablés. C'était là, sans doute un chef-d'œuvre d'architecture horticole, fort apprécié à cette époque.

Des charmilles, plantées à quelque distance du pâté de maisons de la rue des Champs et du grand mur qui sépare le jardin des terrains où se trouve aujourd'hui l'Ecole forestière, masquaient ces constructions. Le potager en était aussi entouré.

Ce jardin était à peine créé depuis vingt ans, qu'un projet qui n'avait rien de scientifique, faillit en amener la suppression ou la translation. Sous le règne de Louis XVI, un arrêt du Conseil, à la date du 12 juin 1778, relatif à de vastes accroissements et embellissements projetés alors par la ville de Nancy, fait mention de deux pavillons d'officiers, comme devant être élevés en face du quartier Sainte-Catherine et par conséquent sur l'emplacement du jardin botanique. Mais l'exécution restait facultative pour la ville et cette idée n'eut pas de suite. Un autre arrêt du 19 juin 1784 reproduit, dans les termes les plus formels, le même projet; mais l'autorité municipale s'y opposa de nouveau, bien que la charge de loger les officiers incombât aux habitants de la ville.

Nous indiquerons plus loin d'autres dangers qui, dans des temps plus rapprochés de nous, menacèrent l'existence de cet établissement scientifique.

La seconde période de l'histoire du jardin des plantes de Nancy date de l'établissement des écoles centrales, créées en vertu de la loi du 18 germinal an IV. Les programmes d'enseignement faisaient une large part à l'histoire naturelle et le jardin botanique fut compris dans l'organisation de l'école centrale de Nancy. Le préfet, Marquis, qui a laissé de bons souvenirs de son administration nomma Remi Willemet [1], professeur d'histoire naturelle et lui confia la direction du jardin des plantes. C'est aussi par les ordres de cet administrateur du département que fut créée une serre chaude, à peu

[1] Un fait très-peu connu, c'est l'origine de la famille Willemet et l'époque de son établissement en Lorraine. Lorsque Bernard, duc de Saxe-Weimar, fit, en 1635, son admirable retraite à travers la Lorraine, il laissa au village de Noroy un soldat suédois blessé, qui s'y maria et l'on y trouve encore aujourd'hui de nombreux représentants de sa descendance. Au siècle dernier un membre de cette famille s'établit à Nancy et devint la souche de trois générations de botanistes : Remi Willemet, dont il est ici question ; son fils, Pierre-Remi-François-de-Paule Willemet, qui mourut dans l'Inde, où il était devenu médecin ordinaire du sultan Tippo-Saïb ; enfin son petit-fils, Henry-Félix Soyer-Willemet, notre savant et regretté bibliothécaire. C'est ainsi que la guerre de trente ans, qui couvrit de deuil et de carnage notre ancienne province, mais qui prépara la réunion de cette fraction de l'ancien sol gaulois à la grande unité française, nous laissa cette famille d'origine scandinave, mais qui s'attacha bientôt à sa nouvelle patrie et rendit au pays des services qui ne doivent pas être couverts du voile de l'oubli.

près à la même place que l'ancienne, si ce n'est que ses deux extrémités étaient complétement dégagées des murailles voisines [1]. Deux modifications dont l'une n'est pas heureuse, furent introduites au jardin. Je lis dans l'*Annuaire statistique du département de la Meurthe, pour l'an* XIII, rédigé par les soins de la préfecture, le passage suivant : « M. le préfet y a fait creuser, pour l'entretien des « plantes aquatiques, un carreau où l'on introduit « l'eau à volonté ; à côté s'élève une petite mon- « tagne destinée à recevoir les *plantes alpines et « subalpines.* » L'intention était louable, mais peu conforme aux principes de la géographie botanique. On ignorait alors que les plantes alpines sous notre latitude, ne commencent à se montrer qu'à 1,200 ou 1,500 mètres au-dessus du niveau de la mer ; on sait aussi que beaucoup d'entre elles gèlent dans la plaine, n'étant pas préservées, pendant tout l'hiver, comme sur les hautes montagnes, par une couche épaisse de neige, qui maintient pour elles la température à 0°. Ce fut le directeur Willemet qui fit venir ces plantes alpines des Vosges et de l'Helvétie, comme il le déclare lui-même dans un rapport adressé au préfet.

(1) M. Thiéry, dans sa collection de document lorrains, possède le plan, la coupe et l'élévation de cette serre ; cette pièce porte la date du 15 Prairial, an VII de la République française. M. Renauld, son gendre, a bien voulu m'en communiquer un croquis.

Pendant cette période, un jardinier botaniste avec un traitement de 1,000 fr. et un garçon jardinier avec 300 fr. de gages, furent attachés à l'établissement.

A part les changements dont nous venons de parler, le jardin resta ce qu'il était ; seulement l'école de botanique fut, pour la première fois, classée d'après le système sexuel « du chevalier de Linné. »

Pendant son administration, Willemet publia la liste des plantes du jardin, y compris les arbres et les plantes de serre, sous le titre de : *Catalogus plantarum horti botanici nanceiensis ; Nanceïi, typis Guirard, typographi et bibliopolæ, in foro Reipublicæ* n° 21, *anno* MDCCCII, in-8° de 20 pages sur quatre colonnes.

L'école centrale ayant été supprimée par arrêté du gouvernement du 16 floréal an XI et fermée à partir du 1er nivôse an XII, le lycée qui lui succéda presque immédiatement, ne conserva pas dans ses programmes l'enseignement de l'histoire naturelle; le jardin des plantes devint la propriété de la ville. Willemet continua d'exercer les fonctions de directeur et de démonstrateur de botanique.

En 1805, l'impératrice Joséphine, se rendant à Plombières, s'arrêta à Nancy et visita le jardin des plantes; à son retour à Paris, elle y envoya des plantes rares cultivées dans la serre de la Malmaison. Willemet nous en a laissé l'énumération : c'étaient des arbustes originaires de l'île de la Réunion, de la Nouvelle-Hollande, de la Nouvelle-Zélande et autres îles de la mer du Sud. Ces plantes appartenaient aux genres *Melaleuca*, *Leptospermum*, *Metrosideros*, *Eucalyptus*, *Mimosa*, etc. (¹).

Braconnot n'était pas seulement un chimiste éminent ; il aimait les plantes et, par une lettre qui a été publiée (²), il demanda l'héritage de Willemet, qui avait succombé en 1807. Il fut nommé directeur du jardin et professeur de botanique, par arrêté du maire, en date du 30 octobre 1807 et, peu de temps après, Foissey fut nommé professeur adjoint et chargé de faire des herborisations.

Le jardin était alors dans le plus triste état, et surtout l'école de botanique. Un ouragan avait, l'année précédente, causé de grands dégats dans les arbres du jardin. Un rapport fait par Foissey, en l'absence de Braconnot, à la date du 17 octobre 1808, fait connaître au maire « que l'ordre systé-« matique des plantes, établi depuis vingt-cinq « ans, est rompu par empiètement de plusieurs « végétaux sur leurs congénères et qu'il faut dé-

(¹) *Précis analytique des travaux de la Société académique des sciences, lettres et arts de Nancy, pendant le cours de l'an* XIII, in-8°, p. 11 et suivantes.

(²) *Mémoires de l'Académie de Stanislas, pour 1855*, p. CLXIII.

« fricher les quatre carreaux ». Il constate également que la haie, qui en fermait l'enceinte, s'était prodigieusement accrue et avait atteint 4 pieds d'épaisseur et 5 pieds de hauteur. Il propose de remplacer cette clôture par une haie de troëne et de jeter bas les arbres fruitiers, en faisant observer, avec raison, qu'il s'agit ici d'un jardin botanique et non pas d'un jardin fruitier. Il rappelle, à cette occasion, qu'une commission, nommée pour l'amélioration et l'embellissement de la pépinière, a proposé de consacrer deux des immenses carreaux de cette belle promenade, à former une succursale du jardin botanique, particulièrement pour les arbres; il appuie ce projet et en indique l'utilité. Sans connaître les idées émises alors par Foissey, l'auteur de cette notice proposait, quarante ans après, les mêmes idées, en leur donnant plus d'extension (1).

La serre construite, par les ordres du préfet Marquis, en 1795, sans doute menaçait ruine. On dut songer à la reconstruire et, le 22 juillet 1836, le conseil municipal votait 12,500 francs pour cet objet. Cette troisième serre fut édifiée sur les plans de l'architecte Dosse et terminée le 25 juin 1829.

(1) Godron, *De l'établissement d'un jardin de naturalisation à la Pépinière de Nancy*, imprimé dans *le Bon Cultivateur de Nancy*, en 1848. Il a été reproduit, sans nom d'auteur, dans le *Bulletin de la Société régionale d'acclimatation de Nancy, pour l'année 1857*, t. 1, p. 73.

Elle occupait le même emplacement que les deux précédentes, et s'étendait sur toute la longueur du pan coupé dont j'ai parlé, s'appuyant, d'une part, sur le mur de la rue de l'Ile-de-Corse, et de l'autre sur le mur de la rue Sainte-Catherine, avec lequel elle faisait un angle de 45°, fort disgracieux à l'extérieur comme à l'intérieur. Elle était formée de deux pièces, séparées par un vestibule et les cloisons étaient en pierre. Elle était, comme celles qui ont précédé, orientée au sud. Elle avait 36m de longueur sur sa façade et 4m30 de largeur en œuvre.

Les anciennes serres étaient situées dans la partie la plus déclive du jardin et, pendant les grandes pluies, elles étaient quelquefois inondées par les débordements du canal Saint-Thiébault, et l'eau s'est parfois élevée à 0m80 au-dessus de son plancher. On eut soin d'exhausser, en construisant cette troisième serre, le terrain de façon à empêcher désormais de semblables accidents qui, depuis, ne se sont plus renouvelés.

Cette serre était à peine reconstruite, que le ministre des finances, par dépêche du 27 septembre 1829, provoquait l'avis du préfet sur une demande formée par le ministre de la guerre, qui, sous prétexte d'amélioration future au casernement de la place, tendait à faire obtenir à la régie des Domaines l'autorisation de revendiquer, comme propriété de l'Etat, le terrain du jardin botanique. Le

24 juin 1830, le Domaine en réclama, en effet, la possession ; mais, le tribunal, par jugement du 15 novembre 1831, confirmé par arrêt de la Cour, le 29 mai 1832, assura définitivement à la ville un établissement où, depuis soixante-dix ans, se faisaient des cours de botanique.

Un arrêté du maire, en date du 15 mai 1833, inaugura la troisième période de l'histoire du jardin des plantes de Nancy. Cet établissement restait encore, ou était retombé, dans l'état de délabrement signalé par le rapport de Foissey, vingt-cinq ans auparavant, et exigeait une réorganisation complète. C'est, par l'arrêté précité, qu'une commission de surveillance fut nommée, avec mission de s'en occuper immédiatement. Elle était composée de MM Braconnot, Soyer-Willemet, Grillot et J.-B. Simonin. Elle se mit résolûment à l'œuvre et, le 10 août 1833, elle adressait au maire un rapport détaillé sur la situation du jardin et sur les améliorations à y introduire. Ce rapport était accompagné d'un plan d'ensemble et indiquait, dès cette époque, plusieurs modifications importantes que nous indiquerons bientôt. Ce plan a été fait par M. Grillot, membre de la commission, et il s'en trouve une copie à la bibliothèque publique.

Nous y trouvons le tracé d'une allée nouvelle, partant obliquement de la porte de la serre, se dirigeant parallèlement au mur de la rue Sainte-Catherine jusqu'à l'autre extrémité du jardin, envahissant une partie de deux des carreaux de l'ancienne école de botanique, et séparant du reste du jardin une longue bande de terrain qui fut immédiatement plantée d'arbres et d'arbustes, et comprenait les trois magnifiques arbres dont j'ai parlé, le *Thuya*, le *Cedrus Libani* et le *Platanus orientalis*. La conservation de ces arbres, les plus anciens du jardin, fut sans doute la cause de cette disposition nouvelle, qui présentait, en outre, l'avantage de préserver cette partie du jardin, des vents du nord et des regards des habitants de la caserne. Une partie de ce terrain, que l'autorité municipale voulut bien faire entourer d'une barrière à hauteur d'appui, fut, de 1857 à 1872, consacrée à des expériences d'hybridation artificielle et à une collection d'hybrides. C'est là aussi que furent établis de petits champs d'*Ægilops ovata* et *triaristata* qui, par le voisinage de semis de blé, m'ont donné tous les ans des *Ægilops triticoïdes* et *speltæformis*.

Une large allée transversale, perpendiculaire à la rue Sainte-Catherine, est tracée et établie exactement dans la direction de l'axe de la caserne, et la commission demande chaudement que la grille d'entrée sur la rue des Champs soit placée vis à vis la grille de cette caserne. Ce vœu si rationnel ne fut pas pris alors en considération ; mais seize années après, sous l'administration du maire, M. Monnet, il fut réalisé. Cette allée coupait l'allée longitudinale partant de la maison du jardinier pour se terminer au canal Saint-Thiébault. Au point d'intersection de ces deux voies, se trouve tracé un cercle représentant un bassin où les eaux perdues de la fontaine monumentale de la place d'Alliance devaient se rendre pour servir aux arrosements, amélioration d'autant plus urgente que l'eau du canal, en été, était souvent d'une extrême fétidité et nuisait à la salubrité du jardin. Il fallut aussi ajourner ce projet ainsi que la demande faite par la commission à l'effet d'obtenir que ce canal désagréable et malsain fut fermé par une voûte. Ce n'est que bien des années après, sous l'administration féconde de M. Buquet, que ces divers travaux réclamés depuis si longtemps furent accomplis et ce n'est pas, comme nous le verrons plus loin, la dernière amélioration importante que cet habile administrateur obtint du conseil municipal.

Une troisième allée nouvelle, partant du point central, où l'on proposait alors d'établir un bassin circulaire, se dirigeant perpendiculairement sur la porte d'entrée de la serre, traversait obliquement le potager qui fut enfin supprimé.

Il existait encore un enfoncement du sol, vestige du marais creusé en l'an IV. La montagne qui, sans doute, avait perdu ses plantes alpines, existait encore ; elle fut enlevée et les matériaux parvinrent à niveler la partie basse du jardin.

L'ancienne école de botanique entamée par la création d'une allée et par l'établissement de la large bande de terrain longeant la rue Sainte-Catherine, fut agrandie aux dépens du jardin d'Adonis et d'une partie des deux massifs boisés, qui la séparaient du potager, et fut entourée d'une petite haie de Troëne de 0 m. 50 de haut. Elle contenait 2,104 espèces de plantes qui, pour la première fois, furent classées d'après la méthode naturelle. L'ancien potager, divisé en deux parties de forme irrégulière par l'une des allées nouvellement créées, devint une seconde école de botanique, classée d'après le système sexuel de Linné. Ce ne pouvait être qu'une mesure transitoire, que justifiaient, du reste, les considérations les plus respectables. Le directeur du jardin, l'illustre Braconnot qui, depuis de longues années, enseignait au jardin la botanique d'après la classification linnéenne, ne pouvait pas, à son âge, changer des habitudes aussi anciennes. Mais, en plantant une partie importante du jardin d'après la méthode naturelle adoptée depuis longtemps, dans tous les jardins botaniques de l'Europe, on consacrait les progrès considérables de la taxonomie et on évitait au jardin des plantes de Nancy, le reproche de ne pas être au courant de la science. C'était aussi, de la part de la commission, un acte de prévoyance. En 1837, l'état de santé de M. Braconnot ne lui ayant pas permis de faire son cours de botanique, l'auteur de cette notice en fut chargé avec le titre de professeur adjoint (*Arrêté du maire, en date du 10 mai 1837*) [1]. Un jeune professeur ne pouvait pas adopter pour son enseignement une autre classification que celle alors partout en usage, et pour que ses leçons fussent comprises, les élèves devaient avoir sous les yeux cette classification. Ces exigences se sont donc trouvées satisfaites, plusieurs années à l'avance, par une organisation qui tenait compte des éventualités qui pouvaient se présenter.

L'arboretum abandonné à lui-même, depuis de longues années, était un véritable fouillis : les broussailles s'y étaient développées et avaient même envahi les anciennes allées établies par Bagard, à ce point qu'on n'en soupçonnait plus l'existence. La commission les fit rétablir « afin, « dit-elle dans son rapport, de rendre moins faciles « les attentats aux mœurs qu'on voit renaître « derrière la clôture épaisse dont la destruction est « proposée. »

Enfin, le peuplement de la serre nouvellement édifiée fut l'objet de toute l'attention de la commission. Elle comprit que sa destination est toute différente de celle d'une serre d'amateur où l'on entasse un plus ou moins grand nombre de pieds d'une seule ou de quelques espèces ornementales. Celles-ci, dont un seul représentant suffit dans une serre de jardin botanique, occupent, si on les mul-

(1) J'ai dû également suppléer le professeur titulaire pendant les années 1846, 1847, 1848, 1849 et 1850.

tiplie, la place de végétaux utiles à l'étude et à l'enseignement, et limitent par conséquent le nombre des types toujours trop restreint dans les serres, qui représentent les familles végétales exotiques. Ce sont là des idées parfaitement rationnelles et éminemment pratiques, qui ont été consacrées par le règlement du jardin, qui ont été appliquées pendant de longues années et auxquelles il faudrait, encore aujourd'hui, revenir d'une manière absolue. Le but scientifique prime ici toute autre considération.

Tels sont les services qu'a rendu dès sa création cette commission composée d'hommes éclairés et amis du bien public ; prenant au sérieux leur mission, ils surent tirer ce jardin de l'état d'abjection et de ruine où il était tombé : ils lui restituèrent le caractère qu'il n'aurait jamais dû perdre, celui d'un établissement scientifique.

Jusqu'à 1848, rien ne fut changé à l'aménagement du jardin des plantes. C'est, à cette époque, que la commission proposa une nouvelle organisation de l'école de botanique, qui fut approuvée par l'autorité municipale. Le directeur, Braconnot, étant suppléé, depuis plusieurs années, dans sa chaire de botanique et la faiblesse de sa vue ne lui laissant pas l'espoir de reprendre ses leçons, est lui-même d'avis qu'il y a lieu de supprimer la classification de Linné, qui entraîne de doubles emplois et qui n'a plus sa raison d'être.

L'auteur de cette notice est, par arrêté du maire en date du 18 décembre 1848, nommé directeur adjoint. Il est chargé par la commission de rédiger le nouveau catalogue des plantes de l'école de botanique, qui occupera tout l'espace consacré antérieurement à la double classification des végétaux. Ce catalogue qui se trouve encore dans les archives du jardin, ne comprend pas moins de 3,452 espèces de plantes classées d'après la méthode naturelle. Un nouveau plan du jardin est, à cette époque, tracé par le bureau des architectes de la ville; une copie a été déposée à la bibliothèque publique.

Le 26 août 1852, Braconnot donne sa démission de directeur du jardin, après en avoir rempli honorablement les fonctions pendant 45 ans. M. Planchon, qui m'a succédé comme professeur adjoint, est nommé directeur du jardin par arrêté du maire en date du 1er octobre 1852. Mais, ayant été nommé, peu de temps après, professeur à la Faculté des sciences de Montpellier, le nouveau directeur donne sa démission par lettre du 20 avril 1853. Le docteur Vincent, qui déjà était chargé des fonctions de directeur-adjoint, succède à M. Planchon, en vertu d'un arrêté du maire, en date du 29 juin 1853.

Dans la nuit du 19 novembre 1853, le gaz d'éclairage fait irruption dans la serre chaude; plusieurs plantes précieuses succombent à cette atteinte et presque toutes sont malades. Les procès-verbaux des séances de la commission qui constatent cet événement, signalent aussi de nouveaux faits de ce genre dans les années suivantes. Espérons que ces accidents ont enfin définitivement cessé, depuis que la conduite d'où ce gaz s'échappait a été déplacée et reportée plus loin. C'est surtout en temps de gelée, lorsque la terre durcie est devenue imperméable à ce fluide, que ces accidents ont été observés.

Au moment des négociations relatives à la création de la Faculté des sciences de Nancy, en 1854, le Conseil municipal, afin de se conformer à un arrêté du ministre de l'instruction publique relatif aux obligations imposées aux villes dotées de nouvelles Facultés, a pris une délibération par laquelle il offrait de céder à la Faculté des sciences son jardin botanique et ses collections d'histoire naturelle. Le ministre n'a pas accepté la cession du jardin des plantes, mais il a demandé que la direction en fût confiée au professeur d'histoire naturelle de la Faculté. C'est en cette qualité que, par arrêté du maire de Nancy du 31 décembre 1854, M. Godron a été nommé directeur du jardin des plantes.

En 1856, la société d'acclimatation pour la zone du Nord-Est obtint l'autorisation de construire au jardin des plantes une oisellerie qui attire de nombreux visiteurs.

L'organisation du jardin resta à peu près ce qu'elle était jusqu'à 1868. Mais, en 1864, parut une brochure anonyme, proposant d'y faire de nombreux et importants changements. Elle est intitulée : *Le jardin botanique devant le Conseil municipal de Nancy* (¹). Cet opuscule n'a évidemment pour auteur ni un botaniste, ni même un horticulteur instruit. Elle est l'œuvre d'un homme de goût, d'un artiste de talent, qui a voyagé et a beaucoup vu, mais le but que son auteur se propose est avant tout l'ornementation du jardin et il laisse au second plan les besoins scientifiques de l'établissement. Il semble oublier qu'un jardin botanique est *par nature* un établissement destiné à l'étude et à l'enseignement de l'organographie, de la physiologie et de la taxonomie végétales et par conséquent à fournir les matériaux nécessaires à l'étude des végétaux considérés en eux-mêmes et dans leurs diverses applications, mais aussi à l'exposition et à la démonstration des théories philosophiques conçues par le génie de Goethe et de Pyrame de Candolle, fécondées par leurs successeurs et qui jettent tant d'intérêt et de lumière sur les lois de l'organisation végétale. Il faut pour cela un nombre assez considérable d'espèces de plantes *bien choisies* et en restreindre le nombre au-delà de certaines limites, c'est s'exposer à manquer le but. En les condensant dans un espace trop peu étendu, comme le propose l'auteur, c'est les placer dans de

(¹) Brochure grand in-8°, de 28 pages; Nancy, 1864.

mauvaises conditions de végétation, c'est les mettre en lutte les unes avec les autres, c'est provoquer entre elles le combat pour la vie, comme s'exprime Darwin ; les plus fortes étoufferont les plus faibles. L'intervalle d'un mètre, généralement adopté dans les jardins botaniques, est nécessaire, et l'expérience l'a consacré ; encore ne prévient-il pas toujours le mélange des espèces par la chute naturelle et la germination des graines.

Cependant, l'ornementation d'un jardin des plantes, quand l'étendue du terrain le permet, est en elle-même une chose désirable, puisqu'elle convie les indifférents à le visiter et fournit ainsi à bien des vocations l'occasion de se révéler. Il faut faire d'abord la part à l'utile et, à plus forte raison, celle du nécessaire et, lorsque la chose est possible, *utili dulce miscere*, ce qui est l'inverse du précepte d'Horace.

Ce sont là les idées qui ont prévalu, dans la nouvelle organisation de l'école de botanique, commencée en 1867, comme nous l'indiquerons plus loin.

J'ajouterai, enfin, que ce mémoire anonyme propose quelques idées très-heureuses, relativement à l'aménagement d'une nouvelle serre, idées qui ont été réalisées lorsque le moment est venu de procéder à sa reconstruction.

L'*arboretum*, dégagé des épines et des ronces en 1833, s'était peu à peu garni de broussailles et donnait lieu de nouveau aux inconvénients autrefois signalés. Il contrastait par sa mauvaise tenue et par les mauvaises herbes qui s'étaient aussi emparées du terrain, avec les autres parties de l'établissement. Les arbres y avaient été primitivement en trop grand nombre, ils se gênaient mutuellement et un certain nombre étaient devenus difformes et maladifs. La même espèce arborescente y était représentée en nombre multiple et le terrain en était inutilement encombré. En 1866, d'après l'avis de la commission émis dans sa séance du 25 octobre, les arbres superflus et difformes furent abattus, de nouvelles allées furent percées, l'air et la lumière, deux agents indispensables à la végétation, se jouèrent entre les arbres et il fut possible d'y établir des gazons réguliers. La même année, une partie de l'*arboretum* plantée uniquement d'épicéas, en 1833, dans le but louable de masquer un pourrissoir, dut être défrichée; les arbres dégarnis par le bas et sur l'une de leurs faces, ne remplissaient plus l'office qu'on attendait d'eux et déparaient le jardin. Ils furent remplacés par une belle collection de Conifères formée de 36 espèces différentes, appartenant aux principaux genres de cette famille si curieuse par la beauté de ses représentants et par leur organisation exceptionnelle. Ces travaux préparatoires inaugurèrent les améliorations projetées pour l'embellissement du jardin et la replantation de l'école de botanique.

A sa séance du 25 juillet 1867, la commission, attendu que la superficie du jardin mesure 1 hectare 41 ares, approuve l'idée qui lui est soumise de restreindre l'étendue de l'école de botanique, de régulariser la forme des carreaux qui seront au nombre de trois, de rendre toutes les allées uniformes en leur donnant 4 mètres de largeur, enfin, de faire une part à l'ornement, en y consacrant de larges plates-bandes qui entoureront chacune des parties de l'école de botanique, en y ménageant des passages pour permettre aux étudiants d'y pénétrer [1]. La nouvelle école de botanique contiendra 2749 espèces de plantes, dont le catalogue et l'ordre systématique ont été rédigés par les soins du directeur. Dès le mois de septembre, les travaux sont poussés avec vigueur, et, au mois d'avril suivant, les terrassements et les plantations étaient terminés.

Il ne reste plus, pour rendre complète la réorganisation de l'école de botanique, qu'à renouveler entièrement les étiquettes, aujourd'hui en très-mauvais état de conservation et, du reste, en nombre de beaucoup insuffisant ; les familles naturelles n'y sont même pas étiquetées. Aussi, cette collection scientifique est-elle fréquentée par un petit nombre d'étudiants, et il ne faut pas s'en étonner, puisqu'elle est actuellement pour eux une

(1) C'est là une idée réalisée, depuis de longues années, au jardin botanique de Dijon.

lettre morte. Le choix d'un bon système d'étiquettes a retardé jusqu'ici ce complément d'organisation ; mais aujourd'hui qu'on est fixé à cet égard, l'autorité municipale, dont la sollicitude et la générosité ne font jamais défaut pour tout ce qui peut être utile à l'enseignement, ne tardera pas, sans doute, à donner cette satisfaction aux intérêts des études botaniques à Nancy. Les élèves de la Faculté des sciences et les 150 étudiants de notre Ecole de médecine attendent la réalisation de cette amélioration capitale.

L'ancien cabinet, servant à la conservation des semences du jardin, menaçant ruine, était abandonné depuis longtemps. Ce *seminarium* a été réorganisé, en 1868, sur son plan primitif, dans une partie de l'ancienne salle des cours, et aujourd'hui le repeuplement de l'école de botanique est assuré, si l'on a soin de recueillir toutes les graines du jardin au fur et à mesure qu'elles mûrissent.

L'autorité municipale a bien voulu également affecter, dans le même bâtiment, un cabinet au directeur. Maintenant il peut, au moyen de quelques livres, travailler sur place à la détermination des plantes du jardin, s'y livrer avec calme à ses études scientifiques particulières, et surtout s'y occuper de l'administration du jardin. C'est là un progrès ; mais la direction scientifique et la surveillance administrative n'y seront complétement efficaces que le jour où, comme à Paris, à Montpellier, à Toulouse, etc., le directeur sera logé dans le jardin lui-même.

Depuis plusieurs années, la serre construite, depuis 42 ans, menace ruine, la devanture qui est en bois est atteinte de pourriture, les plafonds menacent de s'effondrer et plusieurs lézardes sillonnent les murailles ; pour éviter une catastrophe imminente, la commission demande qu'elle soit solidement étançonnée en dehors et en dedans. Cette sage précaution permettra d'attendre que les finances de la ville rendent sa reconstruction possible.

Dès le 29 mars 1866, comme cela résulte du procès-verbal de cette séance, la commission avait chargé une sous-commission, composée de MM. Godron, Soyer-Willemet et Henriot, d'étudier l'emplacement et le plan d'une nouvelle serre, et le directeur fait connaître les idées auxquelles on s'est arrêté, dans la séance du 31 janvier 1867.

Le 9 janvier 1867, le conseil municipal, sur le rapport de M. Bastien, vote une somme de 50,000 francs pour cette reconstruction. Il accepta, postérieurement, le plan si gracieux et si bien aménagé tracé par notre habile architecte, M. Morey. On y trouve réalisés tous les progrès que l'art du constructeur a enfantés, tous ceux que l'expérience des dernières années a confirmés et qui, en faisant aux plantes exilées loin du sol natal un climat artificiel en rapport avec leurs besoins, ont pour but de les placer dans les meilleures conditions d'existence.

Les travaux de construction ont été exécutés par M. Michaux, de Paris, et ne laissent rien à désirer. Deux thermosiphons, parfaitement installés, fonctionnent régulièrement et, au moment où j'écris ces lignes, ces belles serres, peuplées de magnifiques végétaux et bien entretenues, font l'admiration de la population de Nancy et des étrangers. Si on veut bien leur rendre complètement le caractère scientifique que la commission de surveillance et les directeurs ont imprimé aux anciennes, depuis 1833, elles ajouteront, pour les leçons du professeur de botanique, des objets d'études importants, de nouveaux moyens de démonstration qui parlent aux yeux, étendent l'enseignement de cette belle science, le fécondent et en augmentent l'utilité.

(*Extrait des Mémoires de l'Académie de Stanislas.*)

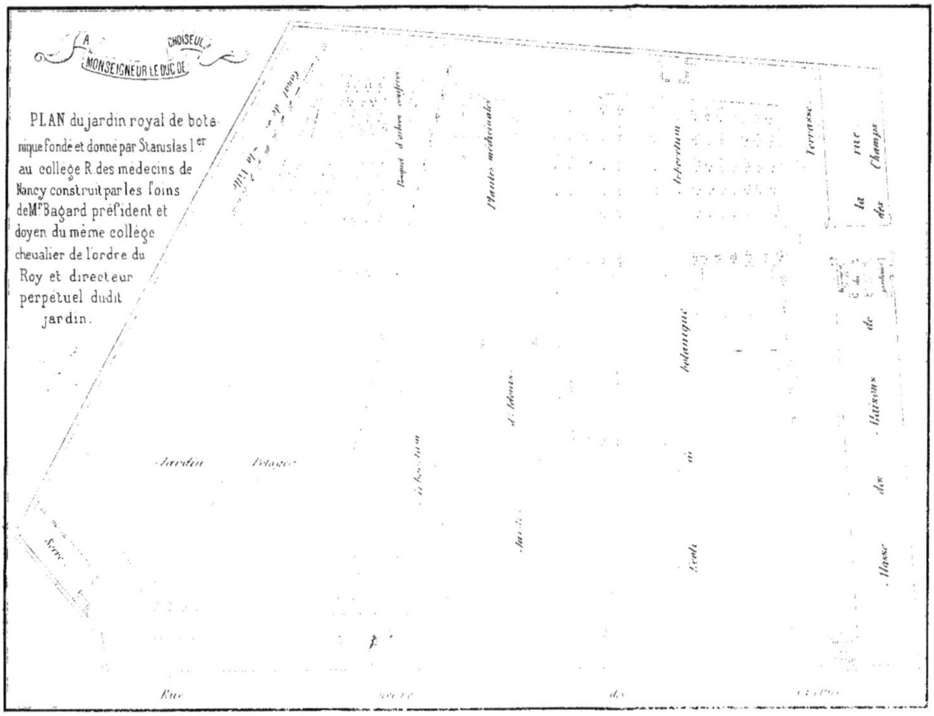

A MONSEIGNEUR LE DUC DE CHOISEUL

PLAN du jardin royal de botanique fondé et donné par Stanislas Ier au collège R. des médecins de Nancy construit par les ſoins de Mr Bagard préſident et doyen du même collège chevalier de l'ordre du Roy et directeur perpétuel dudit jardin.

Bosquet d'arbres conifères

Plantes médicinales

Arboretum

Terrasse

la rue des Champs

École de botanique

Jardin Potager

Serre

Masse des Maisons de

Rue

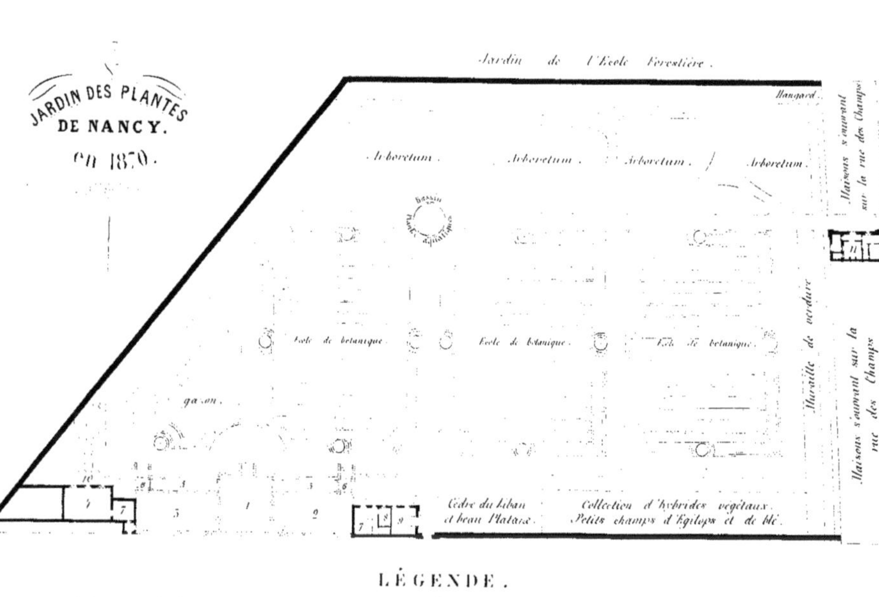

LÉGENDE.

1 – Serre chaude de 12 mètres en tous sens.
2 – Serre chaude.
3 – Serre tempérée.
4 – Orangerie.
5 – Serres basses servant aux multiplications.
6 – Vestibules vitrés servant d'entrée aux serres.
7 – Foyers.
8 – Séminarium ou magasin de graines.
9 – Cabinet du Directeur.
10 – Bâches.
11 – Logement du jardinier.

PRINCIPAUX OUVRAGES DE L'AUTEUR.

De l'espèce et des races dans les êtres organisés et spécialement de l'unité de l'espèce humaine; 1859, 2 vol. in-8°.

Flore de France (avec la collaboration de M. Grenier); 1847-1856; 6 vol. in-8° en trois tomes.

Flore de Lorraine; seconde édition, 1857, 2 vol. in-12.

Florula Juvenalis; ou énumération des plantes étrangères qui croissent naturellement au port Juvénal près de Montpellier, 1854, in-8°, de 115 pages.

Etude ethnologique sur les origines des populations lorraines; 1862, in-8°.

Géographie botanique de la Lorraine, 1862, 1 vol. in-12.

Zoologie de la Lorraine; 1863, un vol. in-12.

Recherches expérimentales sur l'hybridité dans le règne végétal; 1863, in-8°.

De la végétation du Kaiserstuhl dans ses rapports avec celle des coteaux jurassiques de la Lorraine; 1864, in-8°.

Mémoire sur les Fumariées à fleurs irrégulières, et sur la cause de leur irrégularité; 1864, in-8°, avec planche.

Mémoire sur l'inflorescence et les fleurs des Crucifères; 1865, in-8°, avec planche.

Observations sur les bourgeons et sur l'inflorescence des Papilionacées; 1865, in-8°.

Recherches sur les animaux sauvages qui habitaient autrefois la chaîne des Vosges; 1866, in-8°.

Nouvelles expériences sur l'hybridité dans le règne végétal, faites pendant les années 1863, 1864 et 1865; 1866, in-8°.

De la signification morphologique des différents axes de végétation de la vigne; 1867, in-8°.

L'Atlantide et le Sahara, Fragment détaché d'un cours fait à la Faculté des Sciences de Nancy, en 1867; in-8°.

Une pélorie reproduite de graines; in-8°, 1868.

Observations sur quelques axes végétaux constamment définis par la mortification du bourgeon terminal ou des mérithalles supérieurs; in-8°, 1868.

Les perles de la Vologne et le Château-sur-Perle; in-8°, 1869.

Histoire des Ægilops hybrides; in-8°, 1870.

www.ingramcontent.com/pod-product-compliance
Ingram Content Group UK Ltd.
Pitfield, Milton Keynes, MK11 3LW, UK
UKHW021947260726
13994UKWH00004B/1585